浙江园林城市·海宁市

诗画江南·活力浙江丛书

海宁市园林市政管理服务中心　编

浙江摄影出版社
全国百佳图书出版单位

序言

XU YAN

姚昭晖

作为中国文化一绝的园林艺术，在世界享有极高的声誉，其“移天缩地”的造园巧思、“虽由人作，宛自天开”的意境营造、“天人合一”的文化追求，深深地滋养着中国人的精神世界，也给后来的城市建设者带来启发和灵感。在我国经济社会快速发展、城市建设理念不断更新的过程中，为满足人民群众对城市生活环境的更高要求，城市园林绿化工作获得空前的支持与推进。中国现代化城市建设善于从古典的园林设计中汲取精华，立足自然山水禀赋，凝聚传统文化审美情趣。如火如荼的国家园林城市创建活动，为世界贡献了人与自然和谐共处的城市建设典范。

园林城市创建工作始于二十世纪九十年代，由住房和城乡建设部在全国范围内组织开展。它揭开了中国园林悠久历史的新篇章，在四十多年的生动实践中，深度塑造了城市的空间格局，促进城市生产空间、生活空间、生态空间“三生融合”，努力实现生产空间集约高效、生活空间宜居适度、生态空间山清水秀，极大地提升了城市的文化品位和综合竞争力。

浙江山川秀丽，人杰地灵。浙派园林，源远流长。围绕园林城市的创建、申报与评选工作，浙江迈出了清晰而坚实的步伐。一座座园林之城纷纷崛起，一幅幅秀美画卷倾心描绘，回望来时之路，这不仅是一条工业文明和生态文明的平衡之路，也是对诗意栖居的追求之道。

当前，城市发展已由增量时代向存量时代转变，城市建设从增量建设为主转向存量提质改造和增量结构调整并重，从注重满足功能需求向体系化品质提升转型。伴随着人民群众对亲近自然、游憩健身和公共文化供给等方面需求的不断提升，园林城市建设应加快推动公园绿地由“量的积累”

向“质的提升”转变，实现公园绿地的增值服务，因此，打造公园、绿地和城市的无缝融合，人与自然和谐共生的宜居美丽公园城市成为时代所需。

习近平总书记在十四届全国人大一次会议时强调：“必须以满足人民日益增长的美好生活需要为出发点和落脚点，把发展成果不断转化为生活品质，不断增强人民群众的获得感、幸福感、安全感。”浙江积极拥抱人民群众对美好生活的需求、主动顺应生活方式的转变，以习近平生态文明思想为指导，深入贯彻党的二十大精神，准确、全面贯彻新发展理念，统筹园林城市和美丽城区创建，推动以公园体系为核心的城市绿地系统建设，深化公园绿地开放共享，组织开展公园绿地增值服务改革，唤醒城市绿色空间的生态价值和综合服务效能，进一步满足人民群众对亲近自然、休闲游憩、运动健身和交流交往的新需求、新期待，生动践行“公园城市”“人民城市”理念，提高人民群众的获得感和幸福感。

蓝图绘就，奋进其时，当扬帆起航。浙江始终坚持不懈地践行着“绿水青山就是金山银山”的理念，不断探索城市发展的有效路径，努力实现城市与自然的融合共生，满足人民日益增长的对绿色公共服务的需要。在新征程上，浙江城市园林绿化事业将再谱新篇，进一步完善公园绿地服务功能，打造充满活力的城市客厅，生动展现“诗画江南、活力浙江”的崭新气象，在中国式现代化大场景下加快构建美丽浙江建设新格局，不断满足人民群众对美好生活的向往。

前言

QIAN YAN

海宁，地处钱塘江北岸，是一座有着悠久历史的江南小城，下辖 8 个镇、4 个街道、2 个省级经济开发区，面积 863 平方千米（含钱塘江水域），户籍人口 72.16 万人，常住人口 110.16 万人。这里四季分明，气候宜人，植被季相变化丰富。潮文化、灯文化、名人文化等独具特色：奔腾不息的钱江潮，铸就了“敬业奉献、猛进如潮”的海宁精神；巧夺天工的硖石灯彩，技艺传承千年，天下无双；数学家李善兰、国学大师王国维、军事理论家蒋百里、新月派诗人徐志摩、小说家金庸等影响中国的海宁人灿若星河。海宁素有“鱼米之乡、丝绸之府、文化之邦、旅游之地、皮衣之都”的美誉，先后获国家园林城市、全国文明城市、国家卫生城市、中国优秀旅游城市等多项称号。

钱塘江畔的海宁勇立潮头，正从生机勃勃的国家园林城市朝着诗意栖居的国家生态园林城市迈进。在海宁市区，马路两边树木掩映，花草缤纷，让人仿佛置身于一座美丽园林；而城里面，公园众多，沿着市河和江南大道点缀，都是观赏、悠游的好去处。有人与自然和谐统一的西山公园，有“天然之趣”闲雅多姿的东山公园，有虽经人工创造但有水乡悠然风情的鹃湖公园，有庭院深深诗书意境的赞山良渚文化公园，有疏影横斜暗香浮动的梅园公园，也有欢声笑语童趣盎然的大脚板乐园……海宁园林之美，在于将“生态、生活、生机”融为一体，以自然为基、生态为本、生活为貌，达到了“虽由人作、宛自天开”的意境。同时，画册的出版也充分证明了海宁市委、市政府对城市园林绿化的高度重视，特别在城市园林建设中注重突出自己的特色、风格和品位，依托自然山水和人文景观，挖掘文化内涵，源于自然而又高于自然；既承传统又求新意，传统风格与时代气息并重；巧用造园造景艺术手法，以绿为主，以美取胜。做到园林规划、建设、管理三者并驾齐驱。

未来，海宁将继续把建设生态宜居的环境作为中心目标，切切实实让“绿水青山就是金山银山”理念在这里落地生根，以绿色发展绘就共同富裕美好图景，全力打造看得见、摸得着、感受得到的生态宜居美丽潮城，为海宁勇当高质量发展建设共同富裕示范区表率贡献园林力量。

目录

MU LU

全景——绿水青山（鹃湖）

公园

公园是城市生态系统、城市景观的重要组成部分，也是满足城市居民休闲、游憩、锻炼、交往需求，以及举办各种集体文化活动的场所。西山公园、东山公园、鹃湖公园、赞山公园、九虎时代文化公园、海宁市生态绿地公园等几大综合公园构成了海宁城市公园的基本框架，洛塘河公园、梅园公园、李善兰公园、菊庄公园、谈迁文化公园等社区公园及西山社区口袋公园、成园里游园、南苑三里游园、士伯公园、群利景苑口袋公园等一大批游园共同组成了海宁的城市公园体系。到 2023 年底，海宁市人均公园绿地面积达到 15.01 平方米，公园绿地服务半径覆盖率达到 91.57%，基本实现“五分钟公园圈”。

浙江省优质综合公园

西山公园 XISHAN GONGYUAN

1. 西山公园园景一
2. 西山公园园景二
3. 西山公园园景三
4. 西山公园园景四
5. 紫微阁

4

5

6. 西山公园全景
7. 西山公园小亭
8. 西山公园绿化
9. 西山公园雕塑组
10. 紫微阁近景

7
8
9
10
天開圖畫
紫微閣

浙江省优质综合公园

东山公园 DONGSHAN GONGYUAN

1. 东山公园春景
2. 东山公园廊亭
3. 东山公园花海一
4. 东山公园花海二
5. 东山公园南坡全景

6. 东山公园秋色
7. 东山智标塔雪景
8. 东山智标塔夜景

9

10

9. 东山俯瞰
10. 世外桃源
11. 百里梅园一
12. 顾况宅门
13. 上善若水
14. 百里梅园二
15. 东山公园入口

16. 公园栈道
17. 公园游步道
18. 东山公园秋色一
19. 东山公园秋色二

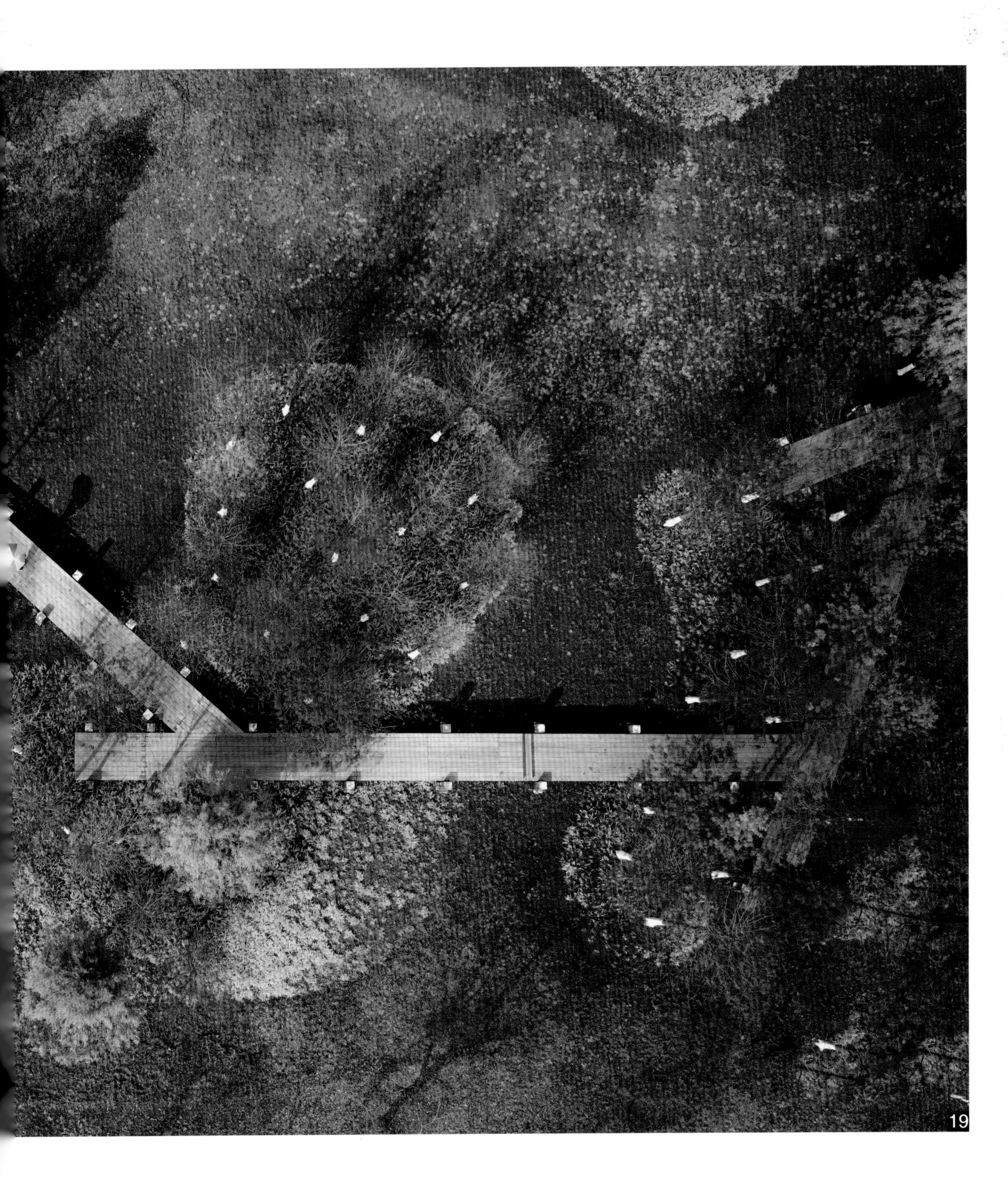
19

浙江省优质综合公园
鹃湖公园 JUANHU GONGYUAN

1

2

1. 野鸭戏水
2. 美丽秋色
3. 鹃湖公园
4. 湖畔秋色

5. 临水小广场
6. 草坪营地
7. 鹃湖远景一
8. 鹃湖远景二
9. 鹃湖远景三
10. 鹃湖晚霞
11. 鹃湖夜色

10

11

12. 环湖绿道一
13. 环湖绿道二
14. 环湖绿道三
15. 湖面远眺

14

15

浙江省优质综合公园

赞山公园 ZANSHAN GONGYUAN

1. 赞山公园俯瞰
2. 赞山公园园景
3. 赞山公园主道路
4. 赞山公园入口
5. 赞山公园秋色
6. 赞山公园夜景

1

2

3

4

1. 九虎时代文化公园俯瞰一
2. 九虎时代文化公园俯瞰二
3. 公园运动场地
4. 入口广场

梅园公园 MEIYUAN GONGYUAN

1. 梅园公园俯瞰
2. 梅园公园入口
3. 临水步道
4. 夏日荷香
5. 园中亭廊
6. 公园驿站
7. 公园花海

李善兰公园 LISHANLAN GONGYUAN

1. 李善兰公园全景
2. 李善兰雕塑
3. 园路
4. 公园驿站
5. 李善兰公园远眺
6. 园景
7. 雨中樱花道

1. 菊庄公园全景
2. 菊庄公园周边
3. 园内小景
4. 中央屋顶花坛

1. 谈迁文化公园入口广场
2. 谈迁文化公园一
3. 谈迁文化公园二
4. 谈迁文化公园三

大脚板乐园 DAJIAOBAN LEYUAN

口袋公园 KOUDAI GONGYUAN

1

2

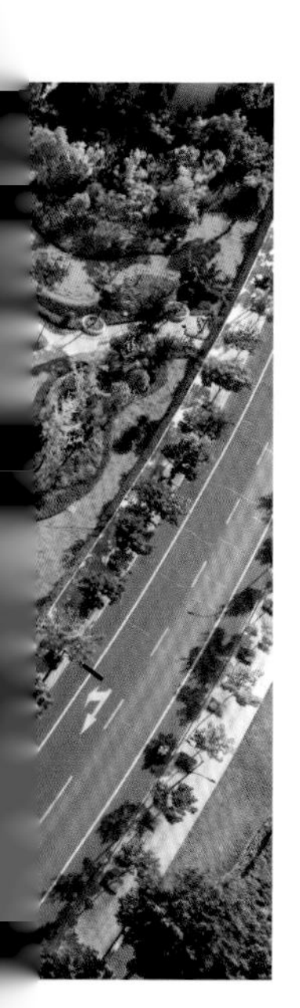

1. 口袋公园一
2. 口袋公园二
3. 口袋公园三
4. 口袋公园四
5. 口袋公园五

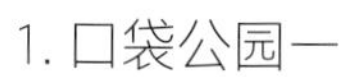

3

4

5

居住区

居住区绿地是居民的主要户外生活空间，关系到居民的生活环境和生活品质，是城市园林绿地系统中分布最广的绿地类型之一。打造风格鲜明、各具特色的居住区绿化，让居民获得推窗见绿的公园化生活是我们一直以来努力的方向。现在海宁已有香湖名邸、康桥名城、中朝悦榕庄、开元名都等四个浙江省园林式居住区，荷园、望园、红郡府邸、百合新城、绿港嘉苑等十一个嘉兴市园林式居住区及紫园、赞园、海棠湾公寓、锦宸府等一百多个海宁市园林式居住区。

1. 百合新城一
2. 百合新城二
3. 百合新城三
4. 百合新城四

5. 省级园林式居住区——香湖名邸
6. 香湖名邸一
7. 香湖名邸二
8. 香湖名邸三
9. 省级园林式居住区——中朝悦榕庄
10. 中朝悦榕庄（局部）

11. 伊顿公馆一

12

13

12. 伊顿公馆二
13. 海纳郡一
14. 海纳郡二
15. 荷园假山景亭
16. 荷园庭院入口
17. 荷园半庭

单位

单位绿化是城市绿化的重要组成部分，对改善城市生态环境，提高学习、工作的舒适度起了至关重要的作用。目前海宁已有紫微大厦、上海漕河泾新兴技术开发区海宁分区（科技绿洲）两个浙江省园林式单位和硖石小学、海宁市洛河幼儿园、马桥街道文化馆、海宁科创中心（马桥分中心）项目、浙江敦奴联合实业股份有限公司等三百余个海宁市园林式单位。

鹃湖科技城夜景

1. 行政中心
2. 海宁市人民医院
3. 海宁市图书馆

2

3

4. 铂尔曼酒店一
5. 铂尔曼酒店二
6. 泛半导体园区一
7. 泛半导体园区二
8. 浙江大学海宁校区一
9. 浙江大学海宁校区二

5
6

7

道路

城市道路绿化是城市园林绿地系统的重要组成部分，对城市形象具有重大影响。同时，城市道路绿化在改善生态环境和丰富城市景观方面发挥着巨大的作用。海宁市的碧云路（海州路—江南大道）、江南大道、海宁大道（市区段）、由拳路（海宁大道—文苑路）、钱江路（市区段）均已先后上榜浙江省“绿化美化示范路”。

浙江省绿化美化示范路

海宁大道 HAINING DADAO

1. 浙江十大最美入城大道，浙江省绿化美化示范路——海宁大道
2. 海宁大道樱花盛开一
3. 海宁大道樱花盛开二
4. 海宁大道绿化一
5. 海宁大道绿化二
6. 海宁大道绿化三

2

3

6

1. 浙江省绿化美化示范路——江南大道
2. 江南大道一
3. 江南大道二
4. 江南大道三
5. 江南大道四
6. 江南大道五

2

3

5

6

浙江省绿化美化示范路

碧云路 BIYUN LU

1. 浙江省绿化美化示范路——碧云路
2. 浙江省绿化美化示范路——由拳路

浙江省绿化美化示范路

由拳路 YOUQUAN LU

1. 海州路一
2. 海州路二
3. 海州路三
4. 海州路林荫

浙江省绿化美化示范路

钱江路 QIANJIANG LU

1. 浙江省绿化美化示范路——钱江路
2. 钱江路绿化一
3. 钱江路绿化二

1. 文宗南路
2. 建设路
3. 文宗路
4. 东山北路
5. 西山路
6. 海昌路

河道、绿道

江南水乡，河网密布，河岸绿化及绿色开敞空间的建设，以绿道串联城市公园、居住区等，满足市民日常游憩、健身需要，兼具市民绿色出行和生物迁徙等功能。百里钱塘生态绿道、洛塘河（市区段）绿道和紫薇环线绿道分别荣获了浙江省“最美绿道”的称号。到 2023 年底，海宁市绿道总长 252 千米，其中市区绿道 198 千米，绿道服务半径覆盖率达到 92.6%，万人拥有绿道长度 5.83 千米。

1. 浙江省最美绿道——洛塘河（市区段）绿道全景
2. 洛塘河绿道一
3. 洛塘河绿道二

浙江省最美绿道

洛塘河（市区段）绿道

LUOTANG HE(SHIQU DUAN) LÜDAO

1. 洛塘河（市区段）绿道一
2. 洛塘河（市区段）绿道二
3. 洛塘河（市区段）绿道三
4. 洛塘河（市区段）绿道四
5. 洛塘河（市区段）绿道五

麻泾港绿道 MAJINGGANG LÜDAO

其他 QITA

1. 横塘河一

1. 麻泾港绿道俯瞰
2. 游步道
3. 休憩区
4. 亭廊小景

2

4

2. 横塘河二
3. 横塘河三
4. 长水塘河道
5. 中国人居环境范例奖获奖项目——长水塘水源生态湿地
6. 洛溪河

浙江省最美绿道

百里钱塘生态绿道

BAILI QIANTANG SHENGTAI LÜDAO

1

4

1. 浙江省最美绿道——百里钱塘生态绿道
2. 二月兰盛开，春意盎然
3. 绿道自行车赛
4. 百里钱塘生态绿道一
5. 百里钱塘生态绿道二
6. 百里钱塘生态绿道三

浙江省最美绿道

紫薇环线绿道

ZIWEI HUANXIAN LÜDAO

1. 浙江省最美绿道——紫薇环线绿道
2. 紫薇环线绿道一
3. 紫薇环线绿道二
4. 紫薇环线绿道三

1. 梅园公园立体绿化
2. 图书馆外的凌霄花
3. 鹃湖科技城屋顶绿化
4. 行政中心紫藤架停车场
5. 尚府小区蔷薇花墙

立体绿化

立体绿化是城市绿化的重要形式之一，是改善城市生态环境、丰富城市绿化景观重要而有效的方式。发展立体绿化，能丰富城区园林绿化的空间结构层次和城市立体景观艺术效果，有助于进一步增加城市绿量，减少热岛效应，吸尘和减少噪音、有害气体，营造和改善城区生态环境以及保温隔热，节约能源。紫微大厦、科技绿洲、科创中心（马桥分中心）、图书馆、通程公司等的屋顶绿化给生硬的建筑披上了柔软的绿毯；各公园中的廊架上爬满了紫藤、凌霄花，开花时节煞是好看；尚府小区围墙上的蔷薇开花时吸引不少游人前来拍照打卡。

3

5

防护带、片林

海宁市自20世纪初开始，在城市周边城郊接合部建设以净化空气、防止污染、降低噪音、改善环境为主要目的的防护带，在杨汇桥、白石桥、金龙、双山等地种植片林约666万平方米，在改善城市生态环境、调节城市小气候等方面发挥了巨大的作用。为避免移植大树破坏乡村的生态环境，同时降低“大树进城”的死亡率，早在2003年海宁市就启动了乡土植物培育保护基地建设，栽种榉树、朴树、榔榆、香樟等胸径20厘米以上的大规格乡土树种上万株，为本地区乡土植物迁地保护和种群恢复提供帮助；同时建立了一批稳定的乡土植物人工培植种群，根据城市绿化建设需要，向社会提供乡土植物种苗。

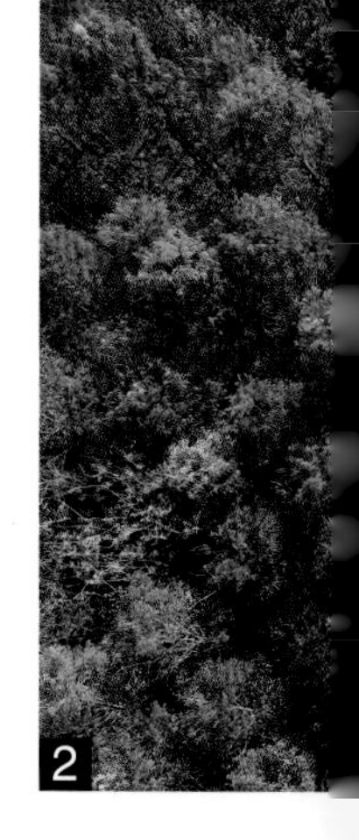

1. 生态林春色
2. 生态林秋色
3. 生态林鸟类家园

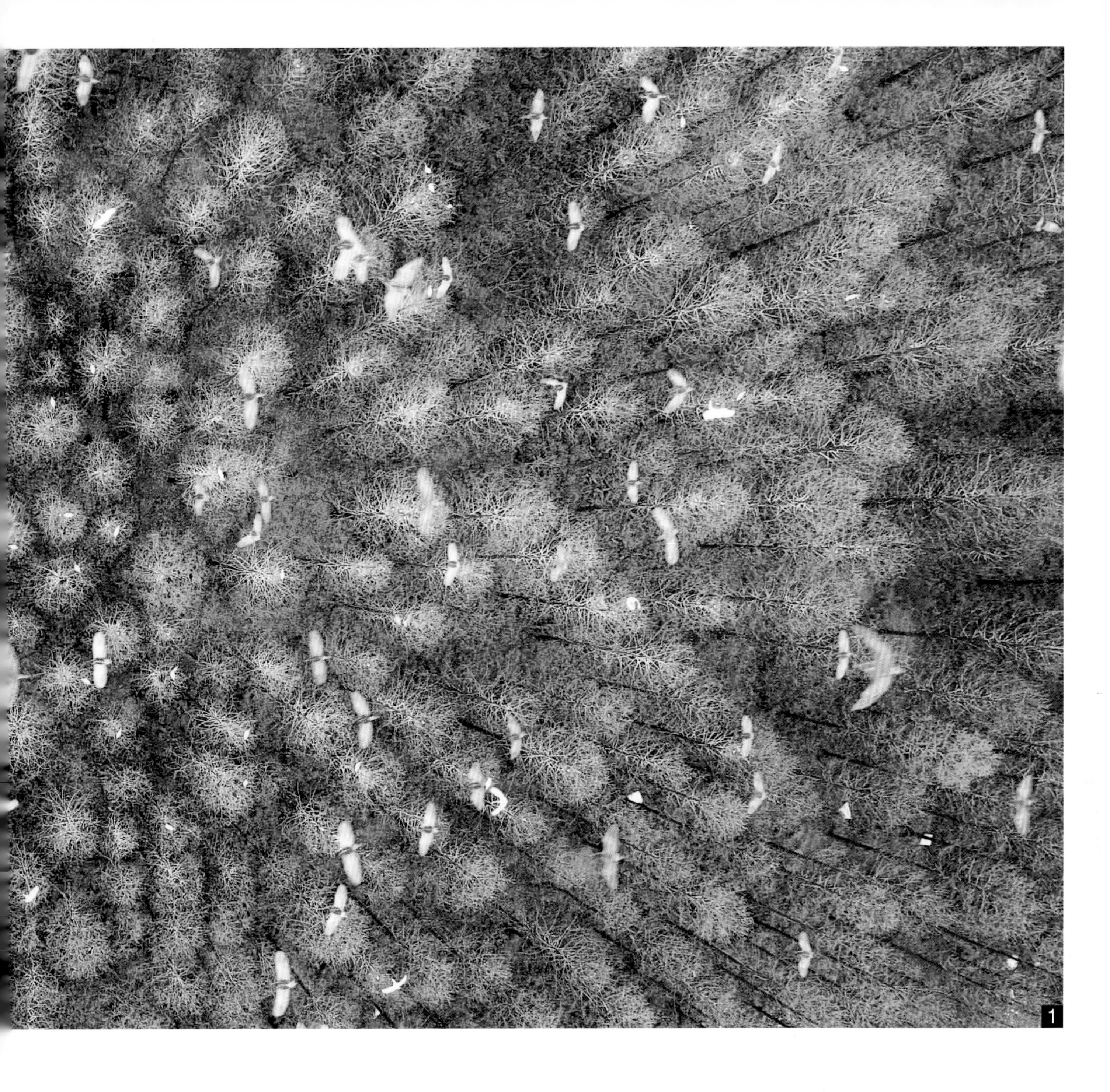

4. 城际铁路沿线生态片林
5. 乡土植物园绿化养护一
6. 乡土植物园绿化养护二

城市古树名木

古树名木是不可再生的稀缺资源，是大自然和祖先留下的宝贵财富，它承载着城市历史的记忆。海宁市共有古树名木 108 棵，其中建成区有 9 棵，分别位于东山、赞山、南关厢和火炬社区；古树名木后备资源有 326 棵。

1. 南关厢 350 年古香樟树俯瞰
2. 南关厢 350 年古香樟树

南关厢

特色街区

横头街、南关厢曾是老硖石的代表，它们和古老的东山、西山一起，构筑起了海宁人的精神记忆，是潮城的文脉所在地。近年来，海宁市政府对硖石景区进行了重新开发，将这些老硖石记忆重新串联，总规划面积约 3 平方千米，核心区涵盖了“一岛两山三街区”，其中的横头街和南关厢入选浙江省级历史文化街区。这些区块在保留历史文化建筑的基础上，又融合了新的建筑风格，打造成集生态、文化、历史、时尚于一体的海宁潮流新地标。

1. 横头街历史文化街区
2. 横头街街景公园
3. 横头街湖面景观

4. 南关厢历史文化街区
5. 南关厢入口处
6. 海宁非物质文化遗产街

责任编辑：袁升宁
责任校对：王君美
美术编辑：巢倩慧
责任印制：汪立峰　陈震宇

图书在版编目（CIP）数据

浙江园林城市．海宁市 / 海宁市园林市政管理服务中心编．-- 杭州 : 浙江摄影出版社，2024.5
（诗画江南·活力浙江丛书）
ISBN 978-7-5514-4950-2

Ⅰ．①浙… Ⅱ．①海… Ⅲ．①园林－城市建设－海宁－摄影集 Ⅳ．① TU986.625.5-64

中国国家版本馆 CIP 数据核字（2024）第 090512 号

ZHEJIANG YUANLIN CHENGSHI ·HAINING SHI
浙江园林城市·海宁市
（诗画江南·活力浙江丛书）
海宁市园林市政管理服务中心　编

全国百佳图书出版单位
浙江摄影出版社出版发行
　地址：杭州市拱墅区环城北路177号
　邮编：310005
　电话：0571-85151082
　网址：www.photo.zjcb.com
制版：浙江新华图文制作有限公司
印刷：杭州丰源印刷有限公司
开本：889mm×1194mm　1/16
印张：6.25
2024年5月第1版　　2024年5月第1次印刷
ISBN 978-7-5514-4950-2
定价：98.00元